DER DREISTREIFEN-BLATTSTEIGER
EPIPEDOBATES ANTHONYI

Sarah Friedli

Ausgewachsener *Epipedobates anthonyi* im Terrarium Foto: S. Friedli

Inhalt

Bildnachweis:
Titel: *Epipedobates anthonyi* Foto: S. Friedli
Kleines Bild: Gelege von *Epipedobates anthonyi* Foto: S. Friedli
Seite 1: *Epipedobates anthonyi* Foto: S. Friedli

ISBN: 978-3-86659-506-4

An der Kleimannbrücke 39/41
48157 Münster
www.ms-verlag.de

Geschäftsführung: Matthias Schmidt
Lektorat: Kriton Kunz
Layout: Mirko Barts
Druck: WmD, Backnang

Inhalt

WER träumt nicht davon, sich mit einem üppig begrünten Terrarium und dessen lebhaften Bewohnern einen Teil des tropischen Regenwaldes ins Haus zu holen? Fürs Auge ansprechend sollte das Terrarientier sein, bunt, pflegeleicht und nicht die halbe Wohnung für sich in Anspruch nehmen.

All diese Kriterien erfüllt der Dreistreifen-Blattsteiger. Sein „Gesang" tut sein Übriges für das tropische Ambiente in der heimischen Stube. Der kleine, äußerst aktive Pfeilgiftfrosch lässt die Terrarienbepflanzung unbeschädigt gedeihen, verhält sich meist zeigefreudig und belohnt seinen Pfleger bei artgerechter Haltung auch gerne mit Nachzuchten. Hierbei zeigt er zudem ein hochinteressantes Brutverhalten. Nicht umsonst erfreut sich *Epipedobates anthonyi*, der früher meist fälschlich als *Epipedobates tricolor* gehandelt wurde, seit Jahren großer Beliebtheit unter den Froschfreunden.

Doch obwohl der Dreistreifen-Blattsteiger oft als Einsteigerart zu einem günstigen Preis angeboten wird, stellt er Ansprüche an seine Umgebung, die Ernährung und ans Klima. In diesem Band der Reihe „Art für Art" möchte ich das nötige Grundwissen vermitteln, damit Sie lange Freude an diesen roten Juwelen des Urwaldes haben.

Sarah Friedli
Gränichen, Schweiz

Dreistreifen-Blattsteiger sind fantastische Terrarientiere! Foto: shutterstock/E. Isselee

Beschreibung

MIT einer Kopf-Rumpf-Länge von lediglich 1,65 bis maximal 2,90 cm (meist 2,1–2,5 cm) gehört der Dreistreifen-Blattsteiger zu den kleinen bis mittleren Pfeilgiftfröschen. Meist sind die Weibchen etwas größer und massiger gebaut. Insbesondere der Rumpf des Weibchens ist gewöhnlich sichtbar fülliger. Dem geschulten Auge offenbart sich dadurch das Geschlecht oft bereits, bevor das Männchen zu rufen beginnt. Spätestens, wenn das unverkennbare Trillern durch die Wohnung schallt, ist sich der Halter sicher, ein Männchen zu besitzen. Die Laute des Dreistreifen-Blattsteigers erinnern jedoch weniger an das klassische Quaken unserer einheimischen Frösche, sondern ähneln viel eher dem Gesang eines Kanarienvogels. Wer nach einem stillen oder zumindest leisen Mitbewohner sucht, ist mit dieser Art schlecht beraten und sollte besser auf ein anderes Terrarientier ausweichen. *Epipedobates anthonyi* lässt sich selbst durch geschlossene Türen und über mehrere Stockwerke hinweg vernehmen. Wer diese tropische Geräuschkulisse aber mag, wird seine Freude an den Fröschen haben! Bei mir lassen sie ab etwa sieben Uhr morgens ihren Gesang erklingen, obwohl sich die Terrarienbeleuchtung erst zwei Stunden später einschaltet.

Männchen (links) und Weibchen im Vergleich. Das Weibchen ist massiger gebaut. Fotos: S. Friedli

Gut erkennbar ist hier die leichte Granulierung des Rückens Foto: S. Friedli

Vor allem optisch jedoch besticht der Dreistreifen-Blattsteiger. Während es sich bei den Tieren in der Natur meist um dunkelbraune oder schwarze Individuen mit goldgelben Dorsolateral- und Dorsalstreifen (Streifen seitlich des Rückens und mittig über den Rücken) handelt, zeigen Nachzuchten neben rötlichem Braun sehr oft ihre bekannte, leuchtend rote Färbung. Die für den deutschen Namen verantwortlichen drei Längsstreifen über den Rücken reichen von Weiß über Gelb bis Hellgrün und Hellblau. Die Hinterbeine sind einheitlich rot gefärbt oder aber in derselben Farbe gesprenkelt. Die Haut ist nur leicht granuliert. Eine Zehe an jedem Fuß ist deutlich verlängert.

Die kräftigen Hinterbeine entsprechen etwa der Körperlänge Foto: S. Friedli

Die Bauchfärbung ist bei jedem Tier individuell Foto: S. Friedli

Verwandtschaft und Lokalformen

INNERHALB der Klasse der Amphibia (Amphibien) gehört der Dreistreifen-Blattsteiger zur Ordnung der Anura (Froschlurche) und darin zur Familie der Dendrobatidae (Pfeilgiftfrösche), Unterfamilie Colostethinae.

Der 1921 durch NOBLE ursprünglich als *Phyllobates anthonyi* beschriebene Frosch sorgte einige Zeit für Irrungen und Wirrungen unter Terrarianern und Herpetologen. So wurde er etliche Jahre fälschlich als *Epipedobates tricolor* angeboten. Schuld daran dürfte eine Fehlbestimmung von SILVERSTONE im Jahre 1976 sein. Aufgrund der ähnlichen Musterung bezeichnete er eine Population von *E. anthonyi* aus der Provinz Azuay in Ecuador als *Phyllobates tricolor* (= *Epipedobates tricolor*). Alle nachfolgenden Untersuchungen folgten dieser Fehleinschätzung.

Erst 2004 konnte durch GRAHAM et al. mithilfe genetischer und biogeografischer Untersuchungen aufgezeigt werden, dass es sich dabei tatsächlich um *E. anthonyi* handelt – *E. tricolor* kommt erst 200 km weiter vor. Nur für wenige Populationen aus einem eng umgrenzten Gebiet des zentralecuadorianischen Hochlandes besitzt die Bezeichnung *E. tricolor* Gültigkeit.

WUSSTEN SIE SCHON?
Die Art wurde nach einem wissenschaftlichen Mitarbeiter und späteren Ehrenkurator des American Museum of Natural History benannt, Herold Elmer Anthony. Dieser sammelte die Typusserie in Ecuador, anhand derer 1921 die Erstbeschreibung erfolgte.

Somit handelt es sich beim weitaus größten Teil der in Terrarien gehaltenen Dreistreifen-Blattsteiger um *E. anthonyi*.

Erst in den letzten Jahren wurden vereinzelt echte *E. tricolor* aus der Zuchtlinie von Wikiri importiert

Tier der Hochlandvariante „Tierra Alta"
Foto: M. Brockmann

Epipedobates anthonyi der Form „Chilla"

Epipedobates anthonyi der Form „Giron "

Epipedobates anthonyi der Form „Paccha"

Epipedobates anthonyi der Form „Pucara "

und hierzulande angeboten. Auch den unterschiedlichen Lokalvarianten von *E. anthonyi* wird seit einiger Zeit vermehrt Beachtung geschenkt. Wer sich tatsächlich *E. tricolor* zulegen möchte, sollte sich also die Herkunft durch offizielle Papiere bestätigen lassen.

Epipedobates anthonyi der Form „Salvias " Fotos: J. Verkade

Lokalform von *Epipedobates anthonyi*	Herkunft	Erkennungsmerkmale
Alamor	Provinz Loja, Ecuador	
Amotape	Provinz Piura, Peru	
Buena Esperanza	Ecuador	
Holotyp (Salvias)	Provinz El Oro, Ecuador	18–20 mm
Pozo Azul	Provinz Túmbez, Peru	
Quebrada Carabo		
Río Jubones	Provinz Azuay/Loja, Ecuador	
Río Saladillo	Provinz El Oro, Ecuador	braun mit mintfarbenen Streifen
Santa Isabel	Provinz Azuay, Ecuador	rotbraun bis weinrot mit cremefarbenen bis gelbweißen, relativ breiten Streifen; 22–25 mm
Santa Marta	Provinz Azuay, Ecuador	rotbraun bis weinrot mit cremfarbenen bis gelbweißen, breiten Streifen; 22–25 mm
Sarayunga	Provinz Azuay, Ecuador	weinrot mit weißen bis weißblauen, schmalen Streifen
Paccha	Provinz Azuay, Ecuador	
Tierra Alta (Hochland)	Ecuador	Rücken großflächig gelb bis grünlich mit rotbraunen Sprenkeln im hinteren Bereich
Einige Lokalformen von *Epipedobates tricolor*		
Ankas		
Cielito		
Highland		
Moraspungo		
Río		

Übersicht der Lokalformen mit ihrer Verbreitung und Erkennungsmerkmalen (falls vorhanden)

Echter *Epipedobates tricolor* der Form „Echeandia“
Foto: J. Verkade

Verbreitung und Lebensraum

DAS Herkunftsgebiet der Dreistreifen-Blattsteiger erstreckt sich westlich der Anden vom Südwesten Ecuadors bis ins benachbarte Peru. Besiedelt werden insbesondere die montanen Regionen zwischen 1.200 und 1.800 m ü. NN, allerdings konnten auch schon auf nur 153 m ü. NN bereits Individuen nachgewiesen werden (FROST 2006).

Es handelt sich um einen sehr anpassungsfähigen Frosch, der die unterschiedlichsten Lebensräume besiedelt und kleinere Habitatveränderungen toleriert. Obwohl in subtropischen und tropischen Bergwäldern beheimatet, verschmäht er auch trockenere Gegenden nicht. Jedoch hält er sich immer in der Nähe von kleineren Flüssen oder Bächen auf. Obwohl der deutsche Name Blattsteiger ihn in der Höhe vermuten lässt, ist er vorwiegend am Boden und in Bodennähe anzutreffen. Gerne verbirgt er sich unter Steinen oder hält sich in der niederen Vegetation versteckt.

In seinem Lebensraum herrschen ganzjährig weitgehend konstante Temperaturen, die sich zwischen durchschnittlich 14 °C im Hochland und 25 °C im Flachland bewegen. Dies verdeutlicht, welchen Vorteil es bringt, die ursprüngliche Herkunft seiner Tiere zu kennen. In den Klimatabellen wird eine in der Nacht um 5 Grad niedrigere Temperatur angegeben. Die Regenzeit dauert von Dezember bis April, wobei im Mikrohabitat stets eine hohe Luftfeuchtigkeit von 70–100 % herrscht.

Verbreitungsgebiete von *Epipedobates tricolor* und *E. anthonyi*

Giftig oder doch nicht?

DIE oft signalrote Färbung und der Name Pfeilgiftfrosch führen unweigerlich zu der Frage, ob die Tierchen giftig und somit gefährlich für den Menschen sind. Etwa die Hälfte aller bekannten Pfeilgiftfrösche verfügt über ein mehr oder weniger wirksames Gift. Dieses wird über Hautdrüsen auf dem Rücken abgesondert. Auch die Tiere der Gattung *Epipedobates* verfügen über potente Nervengifte: neben dem hochgiftigen Batrachotoxin (BTX) insbesondere über das nach der Gattung benannte Epibatidin. Die Wirkung von Letzterem ist mit jener von Morphium identisch, jedoch mehr als 100-fach stärker, was den Blattsteiger in der Medizinforschung interessant macht.

Da die Frösche das Gift aber nicht selbst produzieren, sondern durch die Nahrung aufnehmen, ist der Dreistreifen-Blattsteiger im Terrarium völlig harmlos (von frisch importierten Wildfängen abgesehen). Wohl niemand hierzulande wird seinen Tieren die

Der Name der Pfeilgiftfrösche rührt von der Praxis einiger indigener Völker, ihre Blasrohrpfeile mit dem Hautgift dieser Amphibien zu präparieren Foto: shutterstock/A. Jack

Die leuchtend rote Farbe warnt Fressfeinde vor der ungenießbaren Beute Foto: S. Friedli

in der Natur üblichen Ameisen, Käfer, Milben und anderen Futtertiere beschaffen und verfüttern können.

Im natürlichen Lebensraum schützt das Gift Vermutungen zufolge vor Fressfeinden, wobei die auffällige Farbe den Angreifer abschrecken und auf die Ungenießbarkeit hinweisen soll. Des Weiteren dient das Gift als Schutz vor Bakterien und Pilzen.

Dass Pfeilgiftfrösche schon allein um des Frosches willen nicht mit bloßen Händen angefasst werden sollten, versteht sich von selbst, denn die Haut ist sehr empfindlich. Hüpft aber trotzdem mal ein allzu neugieriger Geselle über die Finger, was durchaus ab und zu vorkommt, empfiehlt es sich, diese aus Hygienegründen trotzdem zu waschen, auch wenn keine Vergiftungen zu befürchten sind.

WUSSTEN SIE SCHON?

Die Bezeichnung Pfeilgiftfrosch ist auf die drei Arten *Phyllobates terribilis*, *P. bicolor* und *P. aurotaenia* zurückzuführen. Deren Hautsekret wird von indigenen Völkern in Westkolumbien als Pfeilgift für die Jagd mit dem Blasrohr verwendet.

Verhalten und Vergesellschaftung

ZUR großen Beliebtheit der Dreistreifen-Blattsteiger trägt sicherlich ihr aufgewecktes, neugieriges Wesen bei. Während Jungtiere meist noch eher versteckt leben, was sie im natürlichen Lebensraum im Zusammenspiel mit ihrer kryptischen (verbergenden) Färbung sicherlich gut vor Fressfeinden schützt, sind adulte Exemplare praktisch zu jeder Tageszeit aktiv. In den frühen Morgenstunden lassen die Männchen besonders gerne ihren trillernden Ruf erklingen. Wer sich dadurch gestört fühlt, sollte für das Terrarium entsprechend einen Platz suche, der vom Schlafzimmer möglichst weit entfernt ist.

Obwohl die Männchen durchaus Reviere bilden, dulden sie meist ihresgleichen im Terrarium. Auch als geschlechtergemischte Gruppe lassen sich diese Blattsteiger gut halten – vorausgesetzt, ihnen steht ein ausreichend bepflanztes, reich strukturiertes und genügend großes Terrarium zur Verfügung. Ansonsten können die kleinen Frösche recht aggressiv mit gegenseitigem Umklammern oder gar Ertränken reagieren.

Was die optimale Geschlechterverteilung angeht, gibt es unter-

Kurze Klarstellungen der Rangordnung sind normal Foto: S. Friedli

Zwei Männchen zusammen im Terrarium Foto: S. Friedli

schiedliche Erfahrungen. Während manche Halter auf bessere Zuchterfolge bei einem Männchenüberschuss schwören, bevorzugen andere die Haremshaltung mit mehreren Weibchen und nur einem oder zwei Männchen.

Öfter zu beobachten ist, dass in der Gruppe ein Paar dominant wird, sich besonders oft zeigt und auch bei der Fütterung als Erstes zur Stelle ist. Daher empfiehlt es sich, an mehreren Stellen im Terrarium Futtertiere auszusetzen, damit auch die etwas zurückhaltenderen Frösche sofort und vor allem ausreichend Futter zur Verfügung haben.

WUSSTEN SIE SCHON?

Der Gattungsname *Epipedobates* lässt sich mit „Bodenläufer" frei übersetzen, zusammengesetzt aus *epipedos* (griech. „eben", „flach") und *baino* (griech. „gehen", „wandern"). Trotz des Namens wäre es aber falsch, anzunehmen, die aktiven Frösche würden sich nur auf dem Boden aufhalten. Insbesondere Männchen nutzen gerne exponierte Blätter oder Astvorsprünge, um mit ihrem Trillern Weibchen anzulocken.

Das Zusetzen weiterer Artgenossen in eine bestehende Gruppe klappt meist ohne nennenswerte Probleme. Natürlich müssen die Frösche in den ersten Tagen und Wochen genauer beobachtet werden, um im Zweifelsfall einschreiten zu können. Denn eine Garantie für eine gelingende Vergesellschaftung gibt es auch mit der friedlichsten Froschgruppe nicht. Unterdrückte Tiere müssen zeitnah herausgefangen und separiert werden. Insbesondere, wenn

Friedliches Zusammensitzen Foto: S. Friedli

Jungfrösche im Terrarium der Elterntiere aufwachsen, sollten Sie den Nachwuchs gut beobachten. Besser ist es, immer etwa gleichaltrige bzw. gleich große Tiere zusammen zu halten.

Eine Vergesellschaftung mit anderen Arten ist nur bedingt möglich. Zu beachten ist, dass es sich beim Dreistreifen-Blattsteiger einerseits um einen gierigen Fresser handelt, andererseits tritt er anderen Arten gegenüber dominant oder gar aggressiv auf. Selbst wesentlich größere Frösche oder Geckos kommen daher kaum infrage. Mir ist bisher lediglich eine über längere Zeit erfolgreiche Haltung zusammen mit dem Zwerggecko *Sphaerodactylus nigropunctatus* bekannt. Ein Versuch meinerseits mit *Lepidodactylus lugubris* (Jungferngecko) hat gezeigt, dass dieser nachtaktive Gecko nicht gegen die äußerst aktiven Frösche ankam, trotz separater Fütterung zu seiner Aktivitätszeit. Da er schlichtweg zu wenige Futtertiere abbekam, musste er schließlich wieder aus dem Terrarium entfernt werden. Etliche andere Halter berichten von ähnlichen Erfahrungen. Entsprechend tendiert meine Empfehlung klar zum reinen Artbecken. Da sich *E. anthonyi* im Gegensatz zu vielen anderen Pfeilgiftfroscharten äußerst zeigefreudig gibt, kommt auch ohne weitere Art im Terrarium kaum Langeweile auf. Die kleinen Hüpfer bieten immer etwas zu beobachten.

Artenschutz und gesetzliche Bestimmungen

OBWOHL sich der Lebensraum von *E. anthonyi* über ein verhältnismäßig großes Gebiet erstreckt und er als anpassungsfähig gilt, wurde er in der Roten Liste der IUCN (Weltnaturschutzunion) als „potenziell gefährdet" (NT, Near Threatened) eingestuft, insbesondere aufgrund des Habitatverlustes durch Holzschlag und Brandrodung zugunsten der Landwirtschaft. Auch die Umweltverschmutzung durch Pestizide macht dem Frosch zu schaffen. Generell muss der Mensch als größte Gefahr für das weitere Bestehen dieser und etlicher weiterer Arten angesehen werden. Nur einen äußerst geringen Teil machen hierbei die zu medizinischen und wissenschaftlichen Zwecken sowie für den Handel entnommenen Individuen aus. Für die Terraristik wurden seit 2001 keine Wildfang-Exporte mehr registriert, das Angebot wird rein durch Nachzuchten gedeckt. Obwohl die Art zurzeit noch häufig vorkommt, nimmt ihre Anzahl stetig ab. Nicht zu unterschätzen ist zudem die Bedrohung durch den sich global ausbreitenden Chytridpilz (*Batrachochytrium dendrobatidis*).

Für den Halter wichtig zu wissen ist, dass *E. anthonyi* auf Anhang II des Washingtoner Artenschutzabkommens (WA) steht und demnach auf Anhang B der Bundesartenschutzverordnung (BArtSchVO). Dies bedeutet, dass in Deutschland jedes Tier unverzüglich der nach Landesrecht zuständigen Behörde gemeldet werden muss. Jeder Zu- und Abgang ist sofort schriftlich anzuzeigen. Darüber hinaus hat der Halter gegenüber den zuständigen Behörden den Nachweis des rechtmäßigen Erwerbs zu führen (§ 46 BNatSchG). Hierzu kann ein Herkunftsnachweis dienen, den der Züchter ausstellt. Werden Nachzuchten abgegeben, muss dem neuen Halter entsprechend ebenfalls ein Nachweis ausgestellt und mitgegeben werden. Vorlagen hierfür können Sie im Internet herunterladen. Findet ein Handel über die Landesgrenzen hinaus statt, werden zudem die entsprechenden CITES-Papiere benötigt. Diese anzufordern, dürfte sich aber nur bei ganz bestimmten, schwer erhältlichen Lokalformen lohnen.

Erwerb

IST das Terrarium einmal eingerichtet und eingefahren, die Fachliteratur ausgiebig studiert und konnten Sie im Idealfall bereits von erfahrenen Haltern Informationen einholen, steht dem Erwerb der neuen Mitbewohner nichts mehr im Weg. Hierzu bietet sich der Gang in eine Tierhandlung mit Terraristikabteilung an. Allerdings ist die Wahrscheinlichkeit eher gering, dass genau die gesuchten Tiere im Angebot stehen, und vor allem sind die Beratung und Unterbringung im Zoofachgeschäft manchmal dürftig. Auch wenn die gewünschten Tiere bestellt werden können, empfiehlt es sich, auf eine der folgenden Optionen auszuweichen. Neben dem Fachhandel bieten Terraristikbörsen, die an verschiedenen Orten ein- oder mehrmals pro Jahr durchgeführt werden, eine weitere Möglichkeit. Hier

Gesunde Tiere zeigen sich neugierig und aufmerksam Foto: G. Ackermann

Auf Börsen kommt man mit Züchtern ins Gespräch und kann gesunde Tiere mitnehmen
Foot: K. Kunz

ist meist der Verkäufer auch der Züchter und kann entsprechend Auskunft und wertvolle Tipps geben. Noch besser ist aber sicherlich die direkte Abholung beim Züchter zu Hause. Dieser gewährt meist bereitwillig Einblick in seine Haltung und Zucht und beantwortet etwaige noch bestehende Fragen.

Die Frösche sollten allgemein einen vitalen, gut genährten Eindruck machen. Von Mitleidskäufen ist abzusehen, da dadurch meist bloß die nächsten dem Tod geweihte Kreaturen in die Verkaufsterrarien nachrutschen.

Ob nur ein Pärchen oder gleich eine Gruppe einziehen soll, hängt in erster Linie von der Größe des Terrariums ab. Nähere Angaben zu den empfohlenen Mindestmaßen finden Sie auf Seite 25. Besser ist es aber auf jeden Fall, den aktiven Fröschen deutlich mehr Platz zu gewähren. Nur dann zeigen sie auch ihr ganzes Verhaltensspektrum.

Sehr junge Tiere sollten Sie besser nicht erwerben. Erst wenige Wochen alte Landgänger vertragen die Schwankungen in Temperatur und Luftfeuchtigkeit durch Transport und neue Haltung wesentlich schlechter als subadulte oder adulte Tiere. Auch eine optische Einschätzung der Geschlechter kann frühestens mit 4–5 Monaten vorgenommen werden. In diesem Alter sind die Frösche zudem bereits deutlich robuster.

DER PRAXISTIPP

Wildfänge spielen bei *E. anthonyi* glücklicherweise heute praktisch keine Rolle mehr. Durch die gute Züchtbarkeit kann die Nachfrage ausschließlich mit Nachzuchten abgedeckt werden. Trotzdem sollten Sie nach der ursprünglichen Herkunft und Zuchtlinie der Tiere fragen. Außerdem sollten Sie aus rechtlichen Gründen auf einem Herkunftsnachweis bestehen.

Transport und Quarantäne

WER seine Wunschtiere gefunden hat, steht nun vor der Aufgabe, seine wertvolle Fracht möglichst schonend und stressfrei nach Hause zu bringen. Obwohl Züchter bzw. Verkäufer meist über geeignete Transportbehälter verfügen, schadet es nicht, ebenfalls entsprechend ausgerüstet zur Abholung zu erscheinen. Bewährt haben sich hierfür die bekannten „Heimchendosen" (ungelocht) oder noch besser die kleineren, runden Saucenbehälter mit Deckel aus Kunststoff aus dem Lebensmittelbereich. Die Frösche sollten sich darin problemlos drehen und wenden können.

Bei allen Behältern müssen noch Luftlöcher zugefügt werden. Hierzu sticht man z. B. mit einer Ahle, einem Nagel oder einem feinen Bohrer eines Multiwerkzeugs von innen her (damit sich die Frösche nicht an den Kanten verletzen können) mehrere feine Löcher auf mindestens zwei Seiten in die Behälter. Anschließend werden die Döschen mit feuchtem

DER PRAXISTIPP

Die Temperatur innerhalb der Styroporbox kann gut mit einer Flasche warmen (im Winter) oder kalten Wassers auf 20-25 °C reguliert werden. Diese wird einfach mit in die Box gelegt. Mit einem Tuch oder leeren Boxen als Abstandshalter wird der direkte Kontakt zu den befüllten Dosen vermieden. Bei Tierversand durch eine spezialisiertes Unternehmen können je nach Klima ein Heatpack oder ein Coolpack mit in die Kiste gegeben werden.

Am besten transportiert man die Tiere in Styroporboxen Foto: M. Barts

DER PRAXISTIPP
Die Frösche sollten nie mit bloßen Händen angefasst werden, da die salzige menschliche Haut der empfindlichen Froschhaut Feuchtigkeit entzieht. Um den direkten Kontakt beim Umsetzen zu vermeiden, empfiehlt es sich, angefeuchtete Einweg-Handschuhe zu tragen. Nun können die Tiere vorsichtig in die gewünschte Richtung gelotst werden.

Haushaltspapier ausgelegt. Ein Blatt einer Pflanze oder Ähnliches kommen als Versteck hinein. Jeder Frosch wird einzeln auf diese Weise verpackt. Aufgrund der erhöhten Verletzungsgefahr sollten mehrere Tiere nie zusammen in eine Dose gesetzt werden.

Nicht nur im Winter gegen die Kälte, sondern zu jeder Jahreszeit, insbesondere auch bei großer Hitze, empfiehlt sich eine Styroporbox, in welche die einzelnen Dosen hineingestellt und gegen Verrutschen gesichert werden, z. B. durch zerknülltes Zeitungspapier. So sind die Blattsteiger vor der Witterung geschützt. Die Dunkelheit in der geschlossenen Styroporkiste wirkt zudem stressmindernd, da für den Frosch sozusagen die Nacht hereingebrochen ist und er automatisch inaktiver wird. Die Tiere wollen weder unterwegs die Umgebung bewundern noch selbst begutachtet werden.

Bevor es zu Hause ins vorbereitete Terrarium geht, steht allerdings erst die Quarantäne an. Insbesondere wenn der Neuankömmling in eine bestehende Gruppe integriert werden soll, ist diese wichtig. Auch ein noch so fit wirkender Pfeilgiftfrosch kann unerwünschte Parasiten oder eine Krankheit mit sich bringen. Im zweckmäßig mit Haushaltspapier, Wasserschale und Verstecken aus trockenem Laub und Kunstpflanzen eingerichteten Quarantäneterrarium kann dies deutlich besser erkannt und notfalls behandelt werden als in einem üppig wuchernden Urwaldterrarium, von der Ansteckungsgefahr für den bestehenden Besatz abgesehen! Zur besseren Regulation der Luftfeuchtigkeit kann eine Topfpflanze mit ins Quarantänebecken gestellt werden. Für rund acht bis zwölf Wochen verbleibt der Neuzugang hier. Während dieser Zeit empfiehlt es sich, eine Kotprobe zur Untersuchung in ein entsprechendes Labor zu schicken (Adressen hierzu finden sich im Anhang).

Das geeignete Terrarium

ALS Erstes geht es daran, einen geeigneten Platz für das Froschterrarium zu finden. Dieser darf weder von Zugluft erfasst noch direkt von der Sonne beschienen werden, ansonsten kann das Terrarium schnell überhitzen. Ein weiterer Punkt, der beachtet werden sollte, ist das Rufen der Männchen. Nicht jeder mag vom charakteristischen Klang seiner Haustiere geweckt werden.

Für die Haltung von Pfeilgiftfröschen eignen sich in erster Linie Vollglasterrarien. Ebenfalls infrage kommen Terrarien aus Forex (Hartschaumstoffplatten) oder anderen Kunststoffen. Holz, selbst mehrfach beschichtet, hält der Feuchtigkeit nur für kurze Zeit stand und scheidet deshalb weitgehend aus.

Immer wieder lassen sich Terraristik-Neulinge dazu verleiten, ausgediente Aquarien umfunktionieren zu wollen. Aufgrund der mangelhaften Belüftung sind diese jedoch auf keinen Fall geeignet. Wichtig ist das Vorhandensein eines Lüftungsgitters im vorderen Bereich unterhalb der Schiebescheiben und hinten oben oder im Deckel. Dadurch findet ein steter Luftaustausch

Terrarium mit Bachlauf während der Einlaufphase Foto: S. Friedli

So kann ein Terrarium für Blattsteiger kurze Zeit nach der Einrichtung aussehen. Die Wasserstelle wird noch im hinteren Bereich integriert. Foto: shutterstock/D. Ercken

Terrarium für Blattsteiger mit Düsen einer Regenanlage Foto: S. Friedli

(Kamineffekt) statt. Die Frontlüftung minimiert zudem ein Beschlagen der Scheiben.

Mittlerweile werden im Fachhandel spezielle Froschterrarien angeboten, die über einen schrägen Boden und einen Wassergraben verfügen und mit besonders feinmaschiger Lüftungsgaze ausgestattet sind. Etwas preisgünstiger und ebenfalls gut geeignet ist sicherlich ein handelsübliches Terrarium. Um ein Entweichen von Futtertieren zu verhindern, sollte aber auf möglichst kleine Abstände zwischen den Scheiben und bei der Lüftungsgaze geachtet werden. Hin und wieder wird das Anbringen von kleinen Lüftern empfohlen. Jedoch sind diese höchstens für sehr große und hohe Terrarien geeignet, ab etwa 120 cm Länge und mindestens 70 cm Höhe. Die Lüftung soll lediglich Staunässe vermeiden. Auf Wind und Durchzug reagieren die Frösche hingegen äußerst empfindlich.

Als Mindestmaß können die Angaben der erneuerten Hal-

DER PRAXISTIPP

Lieber ein Terrarium mit einer tendenziell zu großen statt einer zu kleinen Lüftungsfläche wählen! Notfalls kann eine sehr große Lüftung mit Glas oder Plexiglas und Silikon auf die gewünschte Fläche abgeklebt werden, um die notwendige Luftfeuchtigkeit zu erreichen. Eine zu kleine Lüftungsfläche hingegen lässt sich nur mit erheblichem Aufwand und handwerklichem Geschick vergrößern.

Einfache, aber trotzdem naturnah eingerichtete Aufzuchtterrarien Foto: S. Friedli

tungsrichtlinien der AG Anuren von 2018 (im Internet auf der Seite der DGHT-AG Anuren als Download ersichtlich) herangezogen werden. Diese errechnen sich bei *Epipedobates* spp. für eine Gruppe von vier Tieren aus der Körpergröße multipliziert mit 20 x 10 x 8 (Länge x Breite x Höhe). Dies ergäbe bei einer angenommenen Körperlänge von 2,5 cm ein Terrarium mit einer Grundfläche von 50 x 25 cm und einer Höhe von 20 cm. Für jedes weitere Tier muss der Faktor 10 x 2 der Grundfläche dazugerechnet werden.

Um das ganze Verhaltensspektrum der Frösche beobachten und überhaupt eine artgerechte und auch optisch ansprechende Gestaltung ermöglichen zu können, halte ich eine Grundfläche von 60 x 45 cm und eine Höhe von 40 cm für das absolute Minimum. Ich persönlich habe mit einer Gruppe von fünf Tieren in einem Terrarium mit den Maßen 80 x 55 x 60 cm begonnen, was ich auch nach Jahren der Haltung noch als gut geeignetes Maß betrachte. Aber auch deutlich größere Terrarien werden von den aktiven Fröschen voll genutzt.

Da konstant eine hohe Luftfeuchtigkeit herrscht, empfiehlt es sich, das Terrarium vor dem Einrichten auf Dichtheit zu prüfen. Es gibt nichts Ärgerlicheres als ein auslaufendes Terrarium. Notfalls kann mit Aquariensilikon nachgebessert werden.

Einrichtung und Bepflanzung

ZU den wichtigsten Aspekten in der Pfeilgiftfroschhaltung zählen das Einrichten und Bepflanzen des Terrariums. Bevor es ans Begrünen geht, sind einige grundlegende Dinge zu beachten. Während eine Gestaltung der Rückwand bei Quarantäne und Aufzucht zugunsten der Hygiene vernachlässigt werden kann, sehe ich sie im Becken der adulten Frösche als Pflicht. Einerseits vergrößert sich dadurch die Aktionsfläche der Bewohner beträchtlich, andererseits bietet sie Gestaltungsmöglichkeiten, vermittelt den Tieren mehr Versteck- und Schutzplätze und steigert somit deren allgemeines Wohlbefinden.

Im Handel werden mittlerweile bereits fertige Rückwände angeboten. Günstiger, individuell anpassbar und gar nicht so schwierig ist aber der Eigenbau. Mit Styropor oder Styrodur, Fliesenkleber, Bauschaum und Ähnlichem lassen sich ansprechende Landschaften gestalten und auch Pflanztöpfe, Kork, Wurzeln und dergleichen fest miteinbauen. Mit Epoxidharz, das mit Erde beflockt werden kann,

Terrarium in der Bauphase der gestalteten Rück- und Seitenwände Foto: S. Friedli

wird das ganze wasserbeständig gemacht (genauere Anleitungen dazu finden sich im Internet oder als Literaturtipp zum Ende dieses Buches). Wer es einfacher mag, wählt Xaxim- oder Korkplatten in der entsprechenden Größe, an denen Rankpflanzen ebenfalls emporklettern können.

Aufgrund der Feuchtigkeit empfiehlt es sich, den Bodengrund mit einer Dränageschicht zu versehen. Diese besteht aus einer 3–5 cm hohen Schicht Blähton. Darüber wird ein Vlies (aus dem Gartenbedarf) gelegt, um ein Durchsickern der Erde zu verhindern. Als eigentlicher Bodengrund eignen sich Blumen- oder Universalerde. (Auf den früher oft gepriesenen, wasserspeichernden Torf sollte aus Umweltschutzgründen verzichtet

WUSSTEN SIE SCHON?
Selbst als giftig bekannte Pflanzen können im Pfeilgiftfroschterrarium Verwendung finden. Die Frösche haben keinerlei Interesse an pflanzlicher Nahrung und auch ein versehentliches Verschlucken kann ausgeschlossen werden. So wächst und gedeiht eine giftige *Dieffenbachia* seit mehreren Jahren in meinem Terrarium und wird auch gerne als Laichplatz genutzt.

Auswahl geeigneter Pflanzen

Art	Deutscher Name	Wuchs	Herkunft
Epipremnum aureum	Efeutute	großblättrig, schnell wachsend	Salomonen
Ficus pumila	Kletterfeige	kletternd	Südostasien
Aechmea spp.	Bromelie	Epiphyt	Mittel- und Südamerika
Guzmania spp.	Bromelie	Epiphyt	Mittel- und Südamerika
Neoregelia spp.	Bromelie	Epiphyt	Mittel- und Südamerika
Vriesea spp.	Bromelie	Epiphyt	Mittel- und Südamerika
Peperomia spp.	Zwergpfeffer	kletternd	Südamerika
Monstera minima	Fensterblatt	kletternd, großblättrig	Südamerika
Philodendron spp.	Baumfreund	kletternd	Mittel- und Südamerika
Spathiphyllum wallisii	Spachtelblatt	großblättrig	Südamerika
Asplenium nidus	Nestfarn	Epiphyt	Indoaustralien, Afrika

Gut getarnte, in die Rückwand eingearbeitete Filmdose Foto: S. Friedli

Nützliche Helfer: Asseln (hier: *Porcellio haasi*) Foto: S. Friedli

werden. Zudem ist er aufgrund des sauren pH-Wertes den Pflanzen wenig zuträglich.) Darüber kommt eine Schicht Falllaub, beispielsweise von Eiche oder Buche. Dieses bietet Verstecke und ist optisch ansprechend. Sinnvoll ist es zudem, im Fachhandel erhältliche Springschwänze oder Asseln als „Bodenputztruppe" einzusetzen. Sie fressen den in der Einlaufphase oftmals auftretenden Schimmel, später Kot und andere Abfälle. Im Froschterrarium sind sie jedoch nicht lange haltbar, da sie auch als Futter beliebt sind. Einzelne werden sich trotzdem eine gewisse Zeit unter dem Laub vor den gierigen Fressern verstecken können.

Laub gehört in jedes Froschterrarium Foto: S. Friedli

Zur eigentlichen Einrichtung bieten sich Kork, Rebholz, Lianen oder auch Äste von Laubbäumen an. Als Verstecke eignen sich zudem Kokonusshälften mit Öffnung oder sogenannte Laichhöhlen aus Kunststoff. Wer noch alte Filmdosen übrig hat, kann auch diese als Höhlen in die Rückwand mit einbauen.

Das Herzstück der Einrichtung sind lebende Pflanzen – sie dürfen auf keinen Fall fehlen. Ob sie aus dem ursprünglichen Habitat stammen oder aus einer völlig anderen Ecke der Erde,

Die Efeutute eignet sich vorzüglich als Bepflanzung des Terrariums
Foto: shutterstock / Chansom Pantip

ist den Fröschen gleichgültig. Hauptsache, sie bieten Versteck- und Laichplätze. Ideal ist daher die Kombination aus groß- und kleinblättrigen Pflanzen. Während die kleinblättrigen eher aus optischen Gesichtspunkten gewählt werden, werden Pflanzen mit großen Blättern und Bromelien gerne zum Absetzen des Laiches genutzt. Zudem ist eine üppige Bepflanzung sehr dazu geeignet, das nötige feuchte Klima zu schaffen.

Da Gewächse aus Baumärkten, aber auch aus dem Fachhandel oft mit Pestiziden behandelt wurden, sollten sie vor dem Einbringen ins Terrarium unter der Dusche mehrmals, am besten über mehrere Tage hinweg, abgebraust werden. Wegen der empfindlichen Terrarienbewohner sollte den Pflanzen auf keinen Fall flüssiger Dünger zugegeben werden. Wer nicht ganz auf Dünger verzichten möchte, dem ist organischer Dünger aus Rindshorn zu empfehlen. Die Späne aus Horn und Huf werden direkt unter die Wurzeln in die Erde gegeben.

Die Liste auf S. 27 soll einen groben Überblick über Pflanzen bieten, die sich im Terrarium von *E. anthonyi* gut halten. Natürlich kommen noch etliche weitere infrage. Je nach Ausgeprägtheit des „grünen Daumens“ lässt sich die Liste fast unendlich erweitern, sofern die Gewächse nicht zu groß fürs Terrarium werden. Lohnend ist auch der Besuch einer auf Terraristik spezialisierten Gärtnerei.

DER PRAXISTIPP

Viele Bromelien gehören zu den Epiphyten, wachsen also nicht am Boden, sondern direkt auf oder an anderen Pflanzen. Deshalb sollten auch im Terrarium solche Bromelien stets in der Höhe platziert werden und mit Hanfseil oder einem zugeschnittenen Strumpf auf beispielsweise einen Korkast aufgebunden werden. Um die Wurzeln drapiertes Moos hält die Feuchtigkeit und vertuscht die Befestigung.

Licht und Wärme

OBWOHL es um die Nachbildung eines natürlichen Lebensraumes geht, kommt das Baumsteiger-Terrarium nicht ohne Technik aus. Bei *E. anthonyi* handelt es sich, wie bei allen Amphibien, um wechselwarme Tiere. Das heißt, sie sind nicht imstande, ihre Körpertemperatur selbst zu regulieren. Entsprechend muss die Temperatur mittels externer Heizquellen gesteuert werden. Da Licht und Wärme in der Natur meist unweigerlich zusammenhängen, empfiehlt es sich, auch im Terrarium die Erwärmung mithilfe von Lampen zu bewerkstelligen. Außerdem bietet sich dadurch der Vorteil der Wärme von oben, also aus „Richtung der Sonne".

Ein mit LED-Terrastrip von X-Reptile beleuchtetes Terrarium Foto: S. Friedli

Von den herkömmlichen T8-Röhren über die etwas helleren T5-Lampen bis hin zu LEDs bietet sich heute die ganze Bandbreite fürs Terrarium. Die Frösche selbst stellen dabei eher geringe Ansprüche. Solange eine gewisse Helligkeit und der Tag-Nacht-Rhythmus gegeben sind, fühlen sie sich wohl. Eine Zeitschaltuhr hilft dabei, einen festen Rhythmus zu halten. Sie schaltet das Licht jeweils zur eingestellten Zeit automatisch ein. Aufgrund der Herkunft in Äquatornähe braucht diese über das ganze Jahr nicht verändert zu werden. Die Beleuchtungsdauer sollte täglich 12–13 Stunden betragen.

Mehr Ansprüche ans Licht stellt üblicherweise die Bepflanzung. In einem Terrarium mit den Maßen 80 x 50 x 50 cm sollten mindestens zwei T8- (beispielsweise Osram Natura L 18/76 oder die Natural Light von Exo Terra mit 25 Watt) oder besser T5-Leuchtstoffröhren mit Tageslichtspektrum installiert werden, beispielsweise die Tropical Special Plant T5 von Dennerle. T5-Röhren haben tendenziell eine höhere Lichtausbeute, die auf der Packung in Lux ersichtlich sein sollte. Das Anbringen von Reflektoren ist der Helligkeit ebenfalls zuträglich.

Meine bisher besten Erfahrungen, was den Pflanzenwuchs anbelangt, habe ich mit der LED-Beleuchtung Terrastrip 2020 Superflat von X-Reptile gemacht – allerdings liegt diese etwas höher im Preis. Aufgrund der hohen Lichtintensität sollte das Terrarium hierfür aber eine Mindesthöhe von 50 cm aufweisen. Schattenplätze müssen aber auch bei weniger intensiver Beleuchtung auf jeden Fall gegeben sein. Natürlich sind auch gleichwertige Lampentypen geeignet.

Für welche Lichtquelle man sich entscheidet, ist schlussendlich von Geschmack und Geldbeutel abhängig. Auf alle Fälle sollte diese aber außerhalb des Terrariums angebracht werden, beispielsweise auf dem Terrarium liegend und für die Baumsteiger unerreichbar. Nach einem bis eineinhalb Jahren sind Leuchtstofflampen aufgrund der abnehmenden Leuchtkraft auszutauschen. Einzig LEDs haben laut Hersteller eine Lebensdauer von bis zu zehn Jahren. Da gerne Pflanzen durch die Lüftungsgitter im Deckel des Terrariums in die Lichtkästen hinaufwuchern, empfiehlt es sich, hin und wieder darunter zu schauen und Pflanzentriebe abzuschneiden.

Auf eine UV-Beleuchtung kann bei Vitaminzugabe über das Futter verzichtet werden. In geringer Dosierung ist eine zusätzliche UV-Bestrahlung aber grundsätzlich möglich. Um Verbrennungen zu vermeiden, darf diese aber auf keinen Fall zu stark gewählt werden. Die für sonnenhungrige Reptilien zu schwachen Leuchtstoffröhren oder Spots mit 13–26 Watt sind für unsere Zwecke ausreichend.

Bei einem Terrarium im Wohnraum wird die Wohlfühltemperatur der Frösche von 23–27° C im Normalfall allein durch die Beleuchtung problemlos erreicht. Eine gewünschte Nachtabsenkung um 3–5 Grad ergibt sich durch das Ausschalten der Lampen.

Insbesondere bei den Hochland-Formen sollte auf unnötige Wärmequellen verzichtet und auf die weniger Wärme abgebenden LEDs zurückgegriffen werden. Zu hohe Temperaturen werden durch Paarungsunlust bestraft.

Der „Nachteil" guter Lichtquellen: Diese *Ficus-pumila*-Ranken wuchern aus dem Terrarium hinaus, dem LED Terrastrip 2020 von X-Reptile entgegen. Foto: S. Friedli

Allgemein sollte ein eher kühler Standort gewählt werden, also besser ein Keller anstelle einer Dachwohnung. Notfalls lässt sich das Terrarium leichter heizen als kühlen. In warmen Sommern kann es daher notwendig sein, einen Teil der Beleuchtung kurzzeitig auszuschalten.

Zur Überprüfung der Temperatur können ein oder besser zwei feste Thermometer im Terrarium angebracht werden. Diese sollten sich im unteren sowie im oberen Bereich befinden, um einen Überblick über die unterschiedlichen Temperaturbereiche zu erhalten. Digitale Thermometer haben sich hierbei als genauer und weniger störungsanfällig herausgestellt. Ich selbst bevorzuge mittlerweile jedoch ein Infrarot-Thermometer, mit dem schnell und einfach praktisch jeder beliebige Punkt gemessen werden kann. Allerdings sollte hierfür ein wirklich hochwertiges Gerät gewählt werden, da die Anzeige von Billigprodukten oft um mehrere Grad vom tatsächlichen Wert abweicht.

Feuchtigkeit und Wasserversorgung

DA der Dreistreifen-Blattsteiger aus tropischen Gebieten stammt, muss auch im heimischen Terrarium ein entsprechendes Klima simuliert werden. Einerseits ergibt sich eine gewisse Grundfeuchtigkeit durch die Bepflanzung, andererseits muss regelmäßig manuell bewässert werden. Am günstigsten und effektivsten geschieht dies über eine einfache Handsprühpumpe aus dem Gartenbedarf. Wer mehrere Feuchtterrarien besitzt oder gerne mit automatisierten Abläufen arbeitet, dem bieten

Ein Weibchen während des Einsatzes einer Nebelanlage Foto: S. Friedli

sich Vernebler und Regenanlagen an. Auf dem Markt gibt es hiervon inzwischen verschiedenste Modelle. Bei mir bewährt haben sich die Regenanlage der Firma M.R.S. oder die leicht montierbaren Systeme von E.N.T. Terrarientechnik. In Kombination mit einer digitalen Zeitschaltuhr mit möglichst geringem Einstellintervall nehmen diese dem Pfleger das tägliche Sprühen ab. Einzig der Wasserbehälter muss regelmäßig kontrolliert und aufgefüllt werden. Da die Düsen schnell verkalken, empfiehlt es sich, auf Regen- oder Osmosewasser zurückzugreifen. Die optimale Wasserverteilung wird aber nach wie vor durch manuelles Sprühen erreicht.

Wird stattdessen ein Ultraschallluftbefeuchter, kurz Nebler, benutzt, muss aufgrund der sehr viel geringeren Wasserabgabe trotzdem noch von Hand gesprüht werden. Die Vorteile eines Neblers liegen hingegen in der schnellen und einfachen Erhöhung der Luftfeuchtigkeit.

Eine relative Luftfeuchtigkeit von 70–80 % tagsüber und bis zu 100 %

Eine Wasserstelle darf nicht fehlen Foto: S. Friedli

nachts ist optimal. Völlig normal ist eine höhere Luftfeuchtigkeit im unteren, üppig bepflanzten Bereich – im Vergleich zum Aussichtspunkt auf einer exponierten Wurzel. Dies darf und soll so sein. Auch im Herkunftsgebiet der Frösche herrschen unterschiedliche Mikroklimata.

Während die Temperatur im Verbreitungsgebiet ganzjährig relativ konstant bleibt, herrschen Regen- und Trockenzeiten. Dies sollte auch im Terrarium beachtet werden – einerseits, um die Fortpflanzung anzuregen, andererseits aber auch, um legefreudigen Tieren während der Trockenzeit eine Pause zu gönnen. Unter 60 % sollte die Luftfeuchtigkeit aber auch während dieser Phase nicht sinken.

Obwohl das Terrarium feucht gehalten werden muss, sollte die Wasserfläche nicht zu viel der Grundfläche beanspruchen. Die Frösche gehen selten ins Wasser. Manche Individuen sind zwar hin und wieder kurz darin zu sehen, meist ist dies aber eher dem Fluchtreflex oder einem unkoordinierten Sprung geschuldet. Zudem sind *E. anthonyi* keine guten Schwimmer und eine schräg abfallende Ausstiegshilfe in Form von Steinen, Kork oder Ähnlichem muss unbedingt vorhanden sein. Trotzdem darf Wasser in mindestens einer flachen Schale auf keinen Fall fehlen. Diese bietet auch einen gewissen Schutz vor Austrocknung, falls die Technik von Regenanlage oder Nebler kurzfristig ausfallen sollte oder der Pfleger mal einen Tag nicht zu Hause ist. Amphibien nehmen Feuchtigkeit über die Haut auf und retten sich bei zu trockener Haltung instinktiv ins Wasser. Gerne werden hierfür auch die mit Wasser gefüllten Blattachseln der Bromelien verwendet. Sitzen plötzlich alle Tiere im Wasserbecken, muss zweifellos ein Blick auf das Klima geworfen werden.

Eine gestalterische Möglichkeit bietet der Bau von Wasserläufen mittels kleiner, in der Rückwand versteckter Aquarienpumpen. Dabei muss bedacht werden, dass die Pumpe unter Umständen nach einigen Monaten gewartet oder ausgewechselt werden muss. Sie sollte daher für den Pfleger zugänglich, für die kleinen Frösche aber unerreichbar sein. Bei einem Bachlauf steigt zudem die Gefahr des Versumpfens durch ins Wasser hängende Pflanzen oder Erde. Der Bodengrund soll zwar stets leicht feucht, nie aber durchnässt sein.

Da die Blattsteiger das Wasser nicht trinken, kann auf einen täglichen Wasserwechsel verzichtet werden. Eine Schale muss je nach Verschmutzung etwa alle drei Tage gereinigt und neu befüllt werden. Bei einem Wasserteil mit integriertem Filter kann gut 2–3 Wochen bis zu einem Teilwasserwechsel gewartet werden. Einen praktischen Vorteil bieten hierbei Terrarien mit integriertem Abfluss. Doch auch ein handelsüblicher Aquarienschlauch und ein Eimer erfüllen ihren Zweck.

WUSSTEN SIE SCHON?

Nicht nur Reptilien, sondern auch Amphibien häuten sich, oft sogar täglich. Jeweils in den Morgenstunden wird die alte Haut vom Rücken her über den Kopf abgestreift und anschließend gefressen, um den Nährstoffverlust gering zu halten. Da dies innerhalb weniger Minuten vonstattengeht, bekommt man gar nicht so oft einen sich häutenden Frosch zu Gesicht.

Pflegearbeiten

DIE wichtigste und zugleich schönste Arbeit in der Haltung von *E. anthonyi* stellt das tägliche Beobachten und gleichzeitige Kontrollieren der Tiere dar. Machen alle Frösche einen gesunden, vitalen Eindruck? Wurden die Futtertiere gefressen? Oder hat sich eventuell gar Nachwuchs angekündigt?

Bedacht werden muss auch, dass die Frösche über mehrere Jahre hinweg die Aufmerksamkeit des Pflegers beanspruchen. Obwohl die Frösche in der Natur lediglich eine Lebenserwartung von maximal 4–5 Jahren (MEYER et al. 1996) haben, können sie im Terrarium bei guter Pflege bis zu 13 Jahre alt werden (ZIMMERMANN 2000).

Täglich muss das Terrarium besprüht und die Technik kontrolliert werden. Am besten geschieht dies jeweils morgens und abends. Alle paar Tage muss Wasser ausgetauscht und der Behälter von Regenanlage und Vernebler aufgefüllt werden. Kalkflecken an Scheiben und Gefäßen sowie die Düsen von Regenanlagen können bei Bedarf mit Essigwasser behandelt werden.

Je nach Artenauswahl alle paar Wochen oder Monate steht die Pflege der Pflanzen im Vordergrund. Diese müssen zurückgeschnitten und abgestorbene Teile entfernt werden.

Grundsätzlich lässt sich sagen, dass in den ersten Wochen und Monaten am meisten Zeit investiert werden muss. Ist das Pfeilgiftfrosch-Terrarium aber erst einmal „eingefahren", hält sich der Pflegeaufwand mit etwa 10–15 Minuten pro Tag in Grenzen. Bei ganzen Zuchtanlagen müssen aber schnell mehrere Stunden pro Woche aufgewendet werden.

Nicht unerheblich ist auch der Aufwand für Beschaffung oder Zucht von Futterinsekten. Dreistreifen-Blattsteiger sind zwar unproblematische Fresser, wollen aber nicht immer dasselbe vorgesetzt bekommen. Lebendfutter ist zudem nicht überall gleich einfach erhältlich.

DER PRAXISTIPP

Gesunde, ausgewachsene Baumsteigerfrösche kommen gut einmal ein Wochenende ohne ihren Pfleger aus. Ist aber eine mehrtägige Abwesenheit angesagt, muss frühzeitig ein im besten Fall bereits froschkundiger Ersatzpfleger ausfindig gemacht werden. Terrarienvereine oder Kleinanzeigen auf entsprechenden Portalen sind hierfür hilfreich. Der Urlaubsvertretung sollten eine Check-Liste und genügend Futter für die Tiere hinterlegt werden.

Ernährung

In der Natur stehen vor allem Milben, Ameisen und andere Kleinlebewesen auf dem Speiseplan. Diese hierzulande zu besorgen, ist kaum möglich. Glücklicherweise ist *E. anthonyi* aber nicht wählerisch. Was ins Maul passt, wird gefressen. Einzige Bedingung: Es muss Lebendnahrung sein. Der Fressreiz wird wie bei fast allen Anuren durch die Bewegung der Futtertiere ausgelöst. Die Insekten werden jeweils mit den Augen fixiert und dann geschnappt. Zuvor regungslose Futtertiere werden erst erbeutet, wenn sie sich zu bewegen beginnen.

Obwohl im Terrarium niemals das vielseitige Nahrungsangebot der Natur geboten werden kann, sollte den heimischen Pfleglingen möglichst abwechslungsreiche Kost

In der Heimchendose werden *Drosophila* und Mikro-Grillen mit Vitamin- und Mineralstoffpulver bestäubt. Foto: S. Friedli

Selbst relativ große Heimchen werden erbeutet Foto: S. Friedli

zur Verfügung stehen. Da *E. anthonyi* im Gegensatz zu vielen anderen Pfeilgiftfröschen auch verhältnismässig große Futtertiere bewältigt, bieten sich entsprechend viele Möglichkeiten.

Das Frosch-Futtertier schlechthin stellt sicherlich die Fruchtfliege dar. Insbesondere die flugunfähigen Mutationen von *Drosophila melanogaster*, *D. funebris* und die etwas größere *D. hydei* sind aus der Blattsteiger-Haltung nicht wegzudenken. Eine alleinige Fütterung mit den wenig nahrhaften Fruchtfliegen ist jedoch nicht zu empfehlen. Eine solche einseitige Ernährung führt zu Gelegen von minderer Qualität mit einer geringen Schlupfrate oder gar dem vollständigen Ausbleiben von Gelegen. Daher sollte regelmäßig auf andere Futterinsekten wie „Mikro"-Grillen, -Heimchen oder Erbsenblattläuse zurückgegriffen werden. Auch Asseln und Springschwänze sind ein willkommenes Mahl. Adulte

Frösche überwältigen auch kleine Heimchen, Grillen und Terflys (Stubenfliegen) problemlos.

Als Reserve lagere ich stets eine Dose Ofenfischchen. Diese sind ebenfalls ein beliebtes Futter und lassen sich problemlos über längere Zeit halten. Wenn einmal Fliegen und Grillen ausfallen, habe ich so trotzdem etwas Nahrhaftes zur Hand.

Auf das Keschern von Wiesenplankton sollte heutzutage verzichtet werden – einerseits, um das unbeabsichtigte Mitfangen unter Schutz stehender Insekten zu vermeiden, andererseits finden sich heute immer weniger pestizidfreie Wiesen. Zudem ist die Insektendichte in der Natur drastisch zurückgegangen. Daher empfehle ich den Erwerb von Futterinsekten über einen entsprechenden Händler und/oder eine eigene Futtertierzucht. Letzteres lohnt sich meist aber erst bei mehreren Terrarien.

Ob selbst gezüchtet oder gekauft, auch die Futtertiere müssen mit Nahrung versorgt werden – nicht nur, um sie bei nicht sofortiger Verfütterung länger am Leben zu halten, sondern vor allem auch, um ihren Nährstoffgehalt zu verbessern. Karotten, Apfelschnitze, Abfälle vom Gemüseschälen und

Die Futtertiere werden erst anvisiert ... Foto: S. Friedli

... und anschließend schnell mit dem Maul geschnappt Foto: S. Friedli

Trocken-Pellets eigenen sich besonders gut. Im Sommer greife ich bevorzugt auf Löwenzahnblätter zurück. Eine zu hohe Feuchtigkeit muss in Behältern mit Grillen oder Heimchen tunlichst vermieden werden.

Trotz abwechslungsreicher Ernährung mit entsprechend aufgewerteten Futtertieren kann nicht auf die Zugabe von Vitaminen und

DER PRAXISTIPP

Der Nahrungsbrei zur *Drosophila*-Zucht lässt sich einfach selbst herstellen. Es wird wahlweise etwas Babyfrüchtebrei oder Apfelmus mit zerdrückter Banane vermengt. Dazu werden wenig Hefe, Zucker, Essig und Haferflocken gegeben. Portionsweise in Plastikbecher abgefüllt, eine Handvoll Holzwolle als Klettermöglichkeit für die Fliegen und natürlich einige Fruchtfliegen als Zuchtansatz dazu. Bei Zimmertemperatur stehen lassen und hin und wieder den Futterbrei feucht halten – und schon hat man innerhalb von 3-4 Wochen eine neue Generation *Drosophila*.

Mineralstoffen verzichtet werden. Mindestens ein- bis zweimal pro Woche sollten die Futtertiere mit einem entsprechenden Präparat eingestäubt werden. Auf dem Markt gibt es mittlerweile speziell auf Amphibien abgestimmte Präparate, etwa „Vitamin A Plus" von Repashy, „Herpetal Amphib" oder das „Birkahn A-Vital"-Vitaminpulver. Bei Jungtieren wird bei jeder Fütterung eingestäubt.

Eingewöhnte *E. anthonyi* sind sehr zutraulich, insbesondere wenn die Fütterung ansteht
Foto: G. Ackermann

Während die ausgewachsenen *E. anthonyi* zwei- bis dreimal pro Woche gefüttert werden, erhalten Jungtiere in den ersten zwei Monaten täglich Futter.

Da in der Natur das Nahrungsangebot mit der Regen- und Trockenzeit schwankt und stark mit der Fortpflanzung zusammenhängt, ist es sinnvoll, auch im Terrarium eine feuchtere Regenzeit mit vermehrter Futtergabe und eine Trockenzeit mit weniger Futter nachzustellen (mehr dazu im Kapitel „Voraussetzungen zur Nachzucht").

Werden die Futterinsekten immer an derselben Stelle im Terrarium ausgesetzt, finden sich die Blattsteiger schnell von selbst an diesem Platz ein, sobald sie eine Fütterung ahnen. Bei einer Gruppe sollten mehrere Futterplätze eingerichtet werden. So finden auch weniger dominante Individuen stressfrei ausreichend Nahrung. Innerhalb von etwa fünf Minuten sollte der größte Teil der Insekten vertilgt worden sein. Einzelne, sich im Terrarium verteilende Futtertiere sind normal und werden im Lauf des Tages großteils noch erbeutet.

Krankheiten

TROTZ aller Fürsorge und Pflege sind auch Dreistreifen-Blattsteiger nicht vor Erkrankungen gefeit. Verhalten sich die Frösche apathisch, zeigen sich trotz ausreichend Nahrung abgemagert oder aber aufgebläht, sind dies deutliche Anzeichen einer ernsthaften Erkrankung. Auch Appetitlosigkeit oder veränderter Kot sind Warnsignale. Hat nur ein Pflegling Symptome, muss er unverzüglich von den gesunden Tieren separiert werden. Bei derart deutlichen Anzeichen kann sich der Zustand schnell verschlechtern und es muss unverzüglich ein amphibienkundiger Tierarzt aufgesucht werden.

Bei lediglich schwachen Symptomen, Unsicherheiten von Seiten des Halters oder bevor Neuzugänge nach der Quarantäne in eine Gruppe gesetzt werden, bietet sich auch die Möglichkeit, eine Kotprobe im Labor untersuchen zu lassen (entsprechende Untersuchungsstellen finden sich im Anhang). Weist das Ergebnis auf Bakterien oder Parasiten hin, muss zur Behandlung jedoch wiederum ein Tierarzt hinzugezogen werden. Unumgänglich ist zudem eine gründliche Überprüfung der Haltungsbedingungen. In vielen Beständen sind Krankheitserreger nachweisbar, die aber nur unter ungünstigen Umweltbedingungen zum Ausbruch einer Erkrankung führen. Auch vor dem sich weltweit ausbreitenden Chytridpilz (*Batrachochytrium dendrobatidis*, *Bd*) sind die Terrarienpopulationen nicht sicher.

Da nicht nur *Batrachochytrium dendrobatidis*, sondern die meisten Froschkrankheiten seuchenartig auftreten und ganze Bestände infizieren, ist die bereits erwähnte Quarantäne bei Neuzugängen unumgänglich.

WUSSTEN SIE SCHON?
Die Haut ist ein Organ von essenzieller Bedeutung für Pfeilgiftfrösche. Wird ein Zehntel ihrer Gesamtfläche zerstört, wirkt sich dies tödlich auf den Frosch aus (JANZEN & SCHMID 2013).

Manchmal kommt es bei Pfeilgiftfröschen zu Darmvorfällen, wie bei diesem *Dendrobates tinctorius*
Foto: M. Haberkern

Voraussetzungen zur Nachzucht

EPIPEDOBATES *anthonyi* gilt als äußerst vermehrungsfreudig und lässt sich auch von ambitionierten Froschneulingen erfolgreich zur Nachzucht bringen. Nichtsdestoweniger müssen dazu einige Voraussetzungen erfüllt werden. Natürlich braucht es zunächst gesunde, adulte Tiere beider Geschlechter. Meist werden vom Züchter aber juvenile oder subadulte Exemplare abgegeben, die noch nicht sicher bestimmt werden können. Anhand des Körperbaus lassen sich die Tiere zwar ab einem Alter von etwa vier Monaten einem Geschlecht unter Vorbehalt zuweisen, absolute Sicherheit geben aber erst das Rufen der Männchen bzw. die Eiablage der Weibchen.

Die Geschlechtsreife wird bei Männchen bereits mit etwa elf Monaten erreicht. Die Weibchen brauchen mit 12–14 Monaten etwas länger. Schon mit sechs Monaten kann es aber zum Absetzen von Laich kommen. Die ersten Gelege sind oftmals kleiner und entwickeln sich schlechter als die Gelege erfahrener Weibchen.

Bei entsprechendem feuchten Klima und gutem Ernährungszustand können sich Dreistreifen-Blattsteiger das ganze Jahr hindurch fortpflanzen. Den Tieren sollte deshalb durch Simulieren einer Trockenzeit, in der weniger gesprüht wird, regelmäßig eine Ruhezeit gegönnt werden. In dieser von einigen Wochen bis mehrere Monate andauernden Phase sollte auch die Futtermenge reduziert werden. Zwei, maximal drei Fütterungen pro Woche reichen. In der Regenzeit darf hingegen auf 4–5 Fütterungen erhöht werden. Etwas Unregelmäßigkeit im Fütterungsplan wirkt sich positiv auf die Gelegequalität aus. Ausgemergelte, halb verhungerte Blattsteiger, aber auch verfettete Exemplare werden nicht zur Fortpflanzung schreiten.

Doch nicht nur die Menge, auch die Qualität des Futters ist für eine erfolgreiche Nachzucht entscheidend. Wie bereits im Kapitel „Ernährung“ erwähnt, ist eine ausgewogene, abwechslungsreiche Fütterung mit hochwertigen Futterinsekten Pflicht.

Unabdingbar ist zudem das Vorhandensein geeigneter Eiablageplätze. Insbesondere großblättri-

Ein Pärchen im Amplexus Foto: S. Friedli

ge Pflanzen oder die Blattachseln von Bromelien werden gerne zum Ablaichen aufgesucht. Von den meisten Fröschen ebenso gerne angenommen werden die sogenannten Laichhäuschen aus dem Fachhandel. Auch unter einer halbierten Kokosnussschale verborgene Petrischalen bieten günstige Ablageplätze. Wer noch Filmdöschen aus der Zeit der analogen Fotografie übrig hat, kann auch diese zu Laichhöhlen umfunktionieren. Fest in die Rückwand integriert, sind diese kaum sichtbar.

Obwohl auch bei Weiterzucht über mehrere Generationen bisher keine negativen Erscheinungen bekannt sind, halte ich es für sinnvoll, hin und wieder „frisches Blut" in die Zuchtlinie einzubringen, also unverwandte Tiere einzukreuzen. Auf alle Fälle sollten nur gesunde, kräftige Exemplare zur Weiterzucht verwendet werden.

Paarungsverhalten und Brutpflege

NICHT zuletzt verdanken Pfeilgiftfrösche ihre große Beliebtheit dem interessanten und leicht zu beobachtenden Paarungs- und Brutverhalten. Durch das Erhöhen der Luftfeuchtigkeit nach einer trockeneren Periode wird die Regen- und somit die Fortpflanzungszeit eingeleitet. Auf vermehrtes Sprühen reagieren die Frösche sogleich mit gesteigerter Aktivität und beginnen mit dem typischen Balzverhalten. Oftmals reicht auch bereits ein Wetterumschwung, weshalb es sicherlich nicht schadet, das vorherrschende Klima einzubeziehen.

Rufendes Männchen Foto: S. Friedli

Die Männchen suchen sich nun einen Platz, von dem aus sie ihre charakteristischen, an das Trillern von Kanarienvögeln erinnernden Rufe erklingen lassen. Meist bevorzugen sie hierzu exponierte Plätze auf Blättern im oberen Bereich des Terrariums oder Astvorsprüngen. Insbesondere in den frühen Morgenstunden, noch bevor die Terrarienbeleuchtung sich einschaltet, beginnt das unüberhörbare Konzert der Männchen.

Vielfach kann beobachtet werden, wie mehrere „Froschherren" versuchen, sich in ihrem Rufen und Werben um die Weibchen zu übertrumpfen. Bei einem zurückhaltenden Männchen kann das Zusetzen eines weiteren, rufenden Männchens daher der Nachzucht förderlich sein. Einige Halter schwören gar auf einen Männchenüberschuss.

Ob nun Haremshaltung mit einem Männchen und mehreren Weibchen oder aber mehr männlichen Tieren, grundsätzlich schreitet *E. anthonyi* bereitwillig zur Fortpflanzung.

Das Rufen des Männchens dauert an, bis sich ein Weibchen zu ihm gesellt. Bei der Begegnung der bei-

Pärchen am Ablageplatz Foto: G. Ackermann

den ändert sich der Rufton kurzfristig zu einem Krächzen. Durch weitere Rufe wird das Weibchen nun zu einem vom Männchen gewählten Ablageplatz geführt.

Während einige Tiere versteckte Plätze wie Filmdöschen oder Laichhäuschen bevorzugen, wählen andere frei einsehbare Stellen auf Pflanzen. Insbesondere großblättrige Pflanzen wie *Spathiphyllum*, aber auch Bromelien werden gerne genutzt. Auffällig ist zudem, dass bevorzugt die kräftigeren, jüngeren Blätter gewählt werden. Ob dies aufgrund des eher waagrechten Wuchses oder der Blattbeschaffenheit geschieht, bedarf genauerer Untersuchungen. Stets werden aber glatte, saubere Oberflächen aufgesucht. Manche Männchen führen ihre Weibchen gar immer wieder zum selben Blatt.

Vielfach reagiert immer dasselbe Weibchen auf die Rufe eines bestimmten Männchens. So lässt sich in vielen Gruppen ein domi-

Etwas eigenwilliger, umgekehrter Amplexus Foto: S. Friedli

nantes Paar ausmachen, das für die größten und auch exponiertesten Gelege sorgt, und ein eher schüchternes zweites Paar, das die versteckteren Plätze im hinteren Bereich des Terrariums für sich beansprucht.

Ist der gewünschte Ablageort erreicht, setzt das Männchen während des Amplexus (Umklammern des Weibchens) sein Sperma ab. Anschließend legt das Weibchen exakt auf die gleiche Stelle seine Eier, während sich das Männchen vorübergehend wieder vom Ablageort entfernt.

Vom ersten Rufen bis zur Eiablage vergehen bis zu zehn Stunden, in denen auch mehrere Standortwechsel mit erneutem Rufen beobachtet werden können. In der Regel kommt es folglich erst in den frühen Abendstunden zum Absetzen des Geleges. Nach getaner Arbeit verlässt das Weibchen den Ablageplatz, während dem Männchen die Brutpflege obliegt. Fortan kümmert sich der Froschvater um die Bewässerung der durchschnittlich 10–25 Eier. Durch die Abgabe von Flüssigkeit aus seiner Harnblase, die er zuvor in einer Wasseransammlung aufnimmt, wird das Gelege vor dem Austrocknen bewahrt.

Obwohl sich manche Männchen vermehrt in der unmittelbaren Umgebung des Geleges aufhalten, wird dieses nicht direkt bewacht. Artgenossen werden, sofern der Froschvater beim Gelege ist, vielfach durch Anspringen aus der näheren Umgebung vertrieben. Hingegen lässt er den Nachwuchs auch über längere Zeit unbeaufsichtigt. Ein wirkliches Attackieren beim Entnehmen des Geleges konnte ich bisher nur vereinzelt beobachten.

Grundsätzlich kann das Gelege im Terrarium gezeitigt werden. Dies fördert das interessant zu beobachtende Brutpflegeverhalten. Außerdem hat sich gezeigt, dass ein Verpilzen der Larven noch in der Gallerte durch das Belassen im Terrarium minimiert werden kann. Erst nach etwa vier Tagen werden die zur separaten Zeitigung vorgesehenen Gelege aus dem Terrarium entnommen und in eine Petrischale oder eine abgedeckte Plastikdose überführt, bei ähnlichen Temperaturen wie im

Frisches Gelege auf einem Blatt von *Spathiphyllum* sp. Foto: S. Friedli

Terrarium. Zu dieser Zeit ist bereits eine erste sichtbare Veränderung der Eier auf dem Weg zur schlupffertigen Quappe wahrzunehmen. Nach ungefähr einer Woche sind deutliche Bewegungen zu beobachten. Wenige Tage später können die Embryonen mit ihren zu dieser Zeit noch außerhalb des Körpers liegenden Kiemen bereits deutlich erkannt werden.

In den ersten Tagen sollte der Wasserstand nur 2–3 mm betragen und das Gelege lediglich

Gelege nach vier Tagen ... Foto: S. Friedli

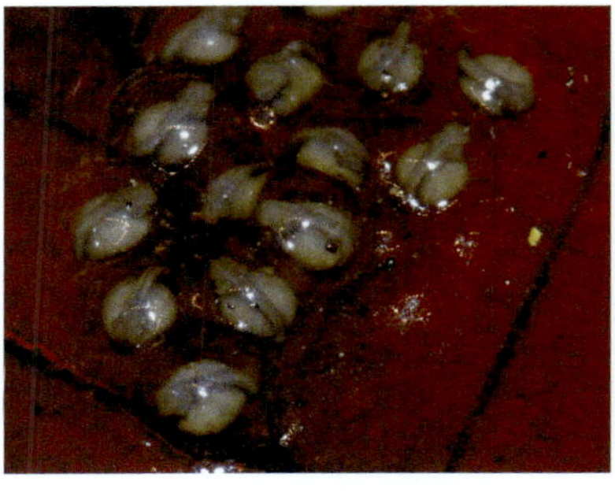

... und nach einer Woche Foto: S. Friedli

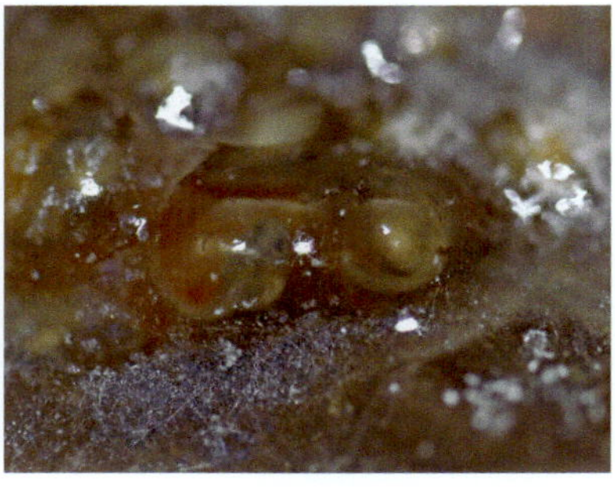

DER PRAXISTIPP

Am einfachsten ist sicherlich die Entnahme der Gelege mitsamt dem Pflanzenblatt, auf dem es sich befindet. Ist dies nicht möglich oder will man die Pflanze nicht beschädigen, empfiehlt sich eine Entnahme mithilfe eines Kaffeelöffels. Mit diesem wird das komplette Gelege vorsichtig auf ein trockenes Buchenblatt geschoben. Dieses wird anschließend in eine Petrischale mit etwas Wasser überführt. Die Beigabe von Erlenzapfen wirkt dem Verpilzen entgegen.

umspülen. Somit wird ein notwendiger Sauerstoffaustausch ermöglicht. Mit dem Voranschreiten der Entwicklung und erkennbaren Bewegungen der Embryonen innerhalb der Gallerte darf der Wasserstand auf etwa 5–8 mm erhöht werden. Bei einer Temperatur von 24 °C und einer natürlichen Nachtabsenkung verlassen die Quappen die Gallerthülle nach 10–18 Tagen. Kaulquappen, die später schlüpfen, sind gewöhnlich größer und kräftiger als ihre früher geschlüpften Geschwister, selbst wenn diese bereits mit der Nahrungsaufnahme begonnen haben.

Während die Quappen bei der Aufzucht in Petrischalen direkt ins Wasser schlüpfen, werden sie im Terrarium vom Froschvater eingesammelt. Ist die Entwicklung der Larven abgeschlossen, setzt

Entnahme des Geleges mithilfe eines Löffels Foto: G. Ackermann

Separate Zeitigung in einer Petrischale
Foto: G. Ackermann

Ein Männchen verfolgt aufmerksam die Entnahme eines Geleges Foto: S. Friedli

Männchen beim Bewässern des Geleges
Foto: S. Friedli

Ungewöhnlicher Ablageort auf einer Wurzel
Foto: S. Friedli

sich das Männchen auf das Gelege und leistet durch seine Bewegungen aktiv Schlupfhilfe. Innerhalb etwa einer halben Stunde schlängeln sich die Quappen über die Schenkel auf den Rücken des Frosches und bleiben dort haften.

Es kann bis zu zwei Tage dauern, bis das Männchen eine geeignete Wasseransammlung gefunden hat. Währenddessen kann das Tier mitsamt den Quappen auf dem Rücken im Terrarium herumhüpfend beobachtet werden. Sind die Kaulquappen einmal im Wasser abgesetzt, endet die Brutpflege des Männchens. Die Jungen sind fortan auf sich selbst gestellt.

Aufzucht der Jungtiere

HAT das Männchen die Quappen in einer geeigneten Wasserstelle im Terrarium abgesetzt, kann die Aufzucht direkt darin erfolgen. Im Gegensatz zu vielen anderen Pfeilgiftfroscharten sind die Kaulquappen des Dreistreifen-Blattsteigers nicht kannibalisch veranlagt und können entsprechend gemeinsam aufgezogen werden. Mit Einzelhaltung lässt sich zwar eine geringere Verlustrate erzielen, jedoch überleben so auch kümmerliche und schwächere Exemplare, die für eine weitere Zucht nicht verwendet werden sollten. Ich bevorzuge daher eine Gruppenaufzucht.

Sind die Quappen etwa gleich alt, ist in einem geräumigen Aquarium eine gemeinsame Aufzucht mit anderen, untereinander verträglichen Arten (*Allobates*, *Ameerega*, andere *Epipedobates*, *Phyllobates*) möglich (LÖTTERS at al. 2007).

Ob im Terrarium oder separat, die Quappen müssen täglich Futter zu sich nehmen. Sind Algen und Holz vorhanden, knabbern sie selbstständig daran. Als Ergänzung werden verschiedene Fischfutterflocken, *Spirulina*,

Die Quappen schlängeln sich auf den Rücken des Froschvaters Foto: S. Friedli

Larventransport Foto: S. Friedli

aber auch Daphnien und zerhackte Rote Mückenlarven gereicht. Die ausschließliche Gabe von Flockenfutter kann Missbildungen fördern (EISENBERG 2004). Da in meinem Aufzuchtterrarium auch einige Posthornschnecken zur Reduzierung von Futterresten mit drin sind, hat sich gezeigt, dass auch eine gestorbene Schnecke oder ins Wasser gefallene und ertrunkene Futtertiere als Nahrung nicht verschmäht werden. Im Terrarium entwickeln sich die Quappen selbst ohne zusätzliche Fütterung, sofern Blätter, Wurzeln und Ähnliches zum Abraspeln vorhanden sind. Die gereichte

Eine gemeinsame Aufzucht der Kaulquappen ist problemlos möglich Foto: S. Friedli

Quappe im Porträt Foto: G. Ackermann

Quappe bei der Nahrungsaufnahme von der Wasseroberfläche. Durch die dünne Haut ist der Darm sichtbar. Foto: G. Ackermann

Futtermenge sollte innerhalb einer Stunde vertilgt worden sein, ansonsten kann das Wasser durch die erhöhte Nährstoffbelastung „kippen".

Neben einer abwechslungsreichen Ernährung ist insbesondere die Wasserqualität für eine erfolgreiche Quappenaufzucht ausschlaggebend. Während für die ersten Tage Heimchendosen mit einem geringen Wasserstand von 1–2 cm ausreichen, müssen die separat gezeitigten Kaulquappen spätestens nach einer Woche in ein Aufzuchtterrarium überführt werden. Hierfür eignet sich ein Würfelterrarium von 30–

Nach etwa 35–50 Tagen entwickeln sich die Hinterbeine ... Foto: G. Ackermann

... und nach ungefähr 45–65 Tagen die Vorderbeine Foto: S. Friedli

40 cm Kantenlänge. Im vorderen Viertel wird ein Wasserteil mit einem Wasserstand von je nach Entwicklungsstand 1–4 cm bereitgestellt. Wahlweise kann die Aufzucht auch in einem Aquarium oder sonstigen Behälter erfolgen.

Spätestens aber, wenn die Quappen über Gliedmaßen verfügen, müssen sie in ein Landgängerbecken überführt werden, dessen Wasserteil Ausstiegsmöglichkeiten bietet.

Das Wasser sollte eine Temperatur von 24–26 °C und einen pH-Wert im leicht sauren Bereich von 6–7 aufweisen. Um den üblicherweise deutlich höheren Wert von Leitungswasser entsprechend zu senken, können dem Wasser Erlenzapfen oder Seemandelbaumblätter zugegeben werden. Die antibakterielle Wirkung dieser Substanzen ist ein positiver Nebeneffekt.

Als Bepflanzung der Aufzuchtbecken eignen sich beispielsweise Horn- (*Ceratophyllum demersum*) oder Nixkraut (*Najas guadalupensis*), die willkommene Versteckplätze bieten. Das Wasser muss täglich kontrol-

Erlenzapfen beugen Verpilzungen vor und senken den pH-Wert des Wassers Foto: S. Friedli

Landgänger noch vor Resorption des Schwanzes Foto: S. Friedli

Nach einem Tag an Land ist ein Teil des Schwanzes resorbiert und die Zeichnung bereits schwach erkennbar Foto: S. Friedli

liert werden. Bildet sich an der Oberfläche ein Film, muss umgehend ein Großteil ersetzt werden. Ansonsten reicht es aus, die verdunstete Flüssigkeit nachzufüllen und lediglich Mulm und andere Abfallprodukte, etwa durch zu üppige Fütterung, zu entfernen. Zur Wasserreinigung eignet sich gut eine Spritze ohne Nadel, mit der Mulm gezielt abgesaugt werden kann.

Die Kaulquappen legen innerhalb der ersten zwei Wochen deutlich an Größe zu. Nach ungefähr 35–50 Tagen entwickeln sich zuerst die Hinterbeine und etwas später die Vorderbeine. Spätestens nun muss sichergestellt werden, dass die Jungtiere problemlos an Land gelangen können, sonst drohen sie zu ertrinken. Es muss entweder durch Holz oder Steine für einen sanften Ausstieg aus dem Wasser gesorgt werden oder das ganze Terrarium wird leicht schräg gestellt, sodass sich automatisch ein Übergang zum Landteil bildet.

Werden die Jungfrösche bis zum Landgang im Terrarium der Adulti belassen, müssen sie sich gegen

Landgänger mit kryptischer Färbung
Foto: S. Friedli

Jungtier in einem „sterilen" Landgängerbecken Foto: S. Friedli

deren Fressgier und Rivalität durchsetzen. Aus diesem Grund überlebt nur ein kleiner Teil der so aufgezogenen Blattsteiger lange genug, um schließlich eine Größe zu erreichen, in der sie sich gegen die Elterntiere behaupten und in die Gruppe integrieren können.

Eine eher „sterile" Variante der Quappenaufzucht ist das Auslegen des schräg gestellten Landgängerbeckens mit blauem Filterschwamm aus der Aquaristik. Der Landteil wird hierbei lediglich mit Falllaub bedeckt. Um ein Abgrasen von Algen zu ermöglichen, darf aber auch solch ein Becken nicht zu blank geputzt sein.

Ästhetisch ansprechender ist sicherlich ein natürlich eingerichtetes Terrarium mit Land- und Wasserteil. Bodengrund und Beleuchtung folgen hierbei dem Vorbild des Schauterrariums der adulten Tiere. Bepflanzung und Dekoration wie Wurzeln und andere Versteckplätze fallen jedoch deutlich weniger üppig aus, um eine Kontrolle der Jungfrösche zu ermöglichen. Eichen- oder Buchenlaub sollte aber auf keinen Fall fehlen. Darunter wird während der ersten Monate oft und gerne Schutz gesucht.

Während beim Laich auf eine gezielte Beleuchtung verzichtet werden kann, sollte das Quappen- und Landgängerbecken mit einer nicht zu starken Beleuchtung ausgestattet sein. Hierfür eignen sich am besten LEDs in geringer Wattstärke. Bei mehreren Aufzuchtbecken bieten sich auch darübergelegte T8- oder T5-Röhren an. Jedoch muss kontrolliert werden, dass sich die kleinen Behälter nicht überhitzen. Während manche Züchter auf eine UV-Bestrahlung schwören, konnte ich diesbezüglich keine Unterschiede in der Entwicklung der Frösche feststellen. Wichtiger scheint mir zu sein, die Futtertiere hochwertig zu ernähren und mit Vitamin-/Mineralstoffpulver einzustäuben.

WUSSTEN SIE SCHON?
Die Entwicklung des Laichs und der Quappen ist zu einem gewissen Punkt durch die Temperatur steuerbar. Je niedriger die Umgebungstemperatur, umso länger dauert die Entwicklung. Die kürzeste bei mir festgehaltene Dauer von Schlupf bis zum Landgang waren 43 Tage, die längste gut 89 Tage. Unter 15 °C sterben die Larven ab.

Zwei Jungfrösche unterschiedlichen Alters im Landgängerbecken Foto: S. Friedli

Aufzuchtterrarien Foto: S. Friedli

Die Temperatur für Jungfrösche sollte wie bei den Adulti bei 23–27 °C liegen. Eine hohe Luftfeuchtigkeit wird durch tägliches Sprühen aufrechterhalten.

Insgesamt vergehen durchschnittlich rund 60 Tage, bis die Jungen als Miniaturfrösche von gerade einmal 8–10 mm an Land gehen. Innerhalb der nächsten drei Tage resorbieren sie den Schwanz und beginnen erst danach mit der Futteraufnahme. Die später gelben Streifen setzen sich einige Tage vor dem Verlassen des Wassers bereits schwach von der dunklen Färbung der Quappe ab und werden an Land nach kurzer Zeit deutlicher.

Während die ausgewachsenen Dreistreifen-Blattsteiger zwei- bis dreimal pro Woche gefüttert wer-

den, erhalten Jungtiere in den ersten zwei Monaten täglich Futter. Anschließend können monatlich 1–2 Fastentage mehr eingebaut werden, bis das Fütterungsintervall der Adulti erreicht ist. Mit ungefähr acht Monaten haben die Jungen ihre Endgröße erreicht und sich vom unscheinbar braunen Jungfrosch zum rot gefärbten Blattsteiger entwickelt.

In den ersten Monaten zeigt sich *E. anthonyi* meist schüchtern und ist wesentlich seltener zu sehen als die ausgewachsenen Tiere. Möglicherweise ist dies auf die noch nicht vorhandene Warnfarbe zurückzuführen, die in der Natur Fressfeinde abschreckt.

Als Futter können ab dem dritten Tag kleine *Drosophila*, Springschwänze oder auch bereits frisch geschlüpfte Grillen, sogenannte Mikro-Grillen, bewältigt werden. Diese werden immer mit Vitamin- und Mineralstoffpulver bestäubt.

Obwohl sich Vermehrung und Aufzucht von *E. anthonyi* grundsätzlich nicht schwierig gestalten, darf ein relativ häufig auftretendes Problem nicht unerwähnt bleiben. Viele Züchter stehen vor dem Phänomen, dass ihre Nachzuchten sogenannte Streichholzbeinchen entwickeln. Die betroffenen Tiere bekommen zwar meist Gliedmaßen und gehen an Land, die Vorderbeine sind jedoch verkümmert und vermögen das Gewicht des Frosches nicht ausreichend zu tragen. In selteneren Fällen fehlen die Vordergliedmaßen gänzlich. Folglich ist der Jungfrosch nicht in der Lage, genügend Futtertiere zu erbeuten, und verhungert schließlich. Die Ursachen für Streichholzbeinchen sind bisher nicht vollends geklärt. Mögliche Gründe sind schwächliche oder einseitig ernährte Elterntiere, schlechte Wasserqualität bei der Aufzucht oder Stress und mangelhafte Ernährung der Quappen.

Männchen in einem mit Moos eingerichteten Terrarium Foto: G. Ackermann

Dank

AN dieser Stelle möchte ich mich bei einigen Personen bedanken, die auf die eine oder andere Weise zur Entstehung dieses Buches beigetragen haben. Insbesondere sei hier Gordon Ackermann erwähnt, der den Kontakt zur Redaktion herstellte und mir zudem stets in vielerlei Hinsicht unterstützend zur Seite stand. Des Weiteren Marcus Brockmann und Desirée Weber für den Erfahrungsaustausch sowie Martin Haberkern, der mich seinerzeit endgültig für Pfeilgiftfrösche begeisterte. Und last but not least sind hier die Terrarianer-Kollegen der IGT (Interessengemeinschaft Terrarienfreunde) zu nennen, denen ich für die interessanten Fachsimpeleien, Gespräche und Vorträge danke.

Adultes Männchen Foto: S. Friedli

Weitere Informationen

Untersuchungsstellen

Kotproben, Sektionen und andere Untersuchungen können von spezialisierten Tierärzten oder von veterinärmedizinischen Untersuchungsstellen, die es in vielen Städten gibt, vorgenommen werden, die es in vielen Städten gibt.
Eine Liste mit Tierärzten, die sich mit Reptilien und Amphibien beschäftigen, kann über die DGHT bezogen oder auf www.dght.de eingesehen werden. Überregional bekannt sind z. B. folgende Einrichtungen:

- Exomed (www.exomed.de)
- LABOKLIN (www.laboklin.de)
- Landesbetrieb Hessisches Landeslabor (www.lhl.hessen.de)

Zeitschriften

- REPTILIA
Terraristik-Fachmagazine
erscheinen sechs Mal jährlich
Natur und Tier - Verlag GmbH
An der Kleimannbrücke 39/41
48157 Münster
Tel.: 0251-133390
E-Mail: verlag@ms-verlag.de
www.reptilia.de

- SAURIA
Terraristik und Herpetologie
erscheint vier Mal jährlich
Terrariengemeinschaft Berlin e.V.
Bruno Treu
Gardes-du-Corps-Str. 12
14059 Berlin
E-Mail: abo@sauria.de
www.sauria.de

Vereine und Interessengruppen

Die Deutsche Gesellschaft für Herpetologie und Terrarienkunde (DGHT e. V.; www.dght.de) ist die weltweit größte Gesellschaft ihrer Art und bringt Wissenschaftler, Hobbyherpetologen und Terrarianer zusammen. Innerhalb der DGHT existiert die AG Anuren (www.anuren.de), die sich auch mit Pfeilgiftfröschen beschäftigt und jährliche Fachtagungen veranstaltet.

Männchen mit Quappen
Foto: S. Friedli

Verwendete und weiterführende Literatur

A. Bücher

AKERET, B. (2015): Pflanzen im Terrarium – 2. Aufl., Natur und Tier - Verlag, Münster, 408 S.

BRUSE, F., M. MEYER & W. SCHMIDT (2008): Praxisratgeber Futtertiere – 2. Aufl., Edition Chimaira, Frankfurt am Main, 158 S.

HESELHAUS, R. (1988): Pfeilgiftfrösche – Eugen Ulmer, Stuttgart, 100 S.

LÖTTERS, S., K.H. JUNGFER, W. HENKEL & W. SCHMIDT (2007): Pfeilgiftfrösche. Biologie, Haltung, Zucht – Edition Chimaira, Frankfurt am Main, 668 S.

RUNDQUIST, E.M, (1996): Parasiten bei Reptilien und Amphibien – bede Verlag, Ruhmannsfelden, 64 S.

SALTERBERG, S. (2016): Faszinierende Pfeilgiftfrösche. Lebensraum, Haltung, Nachzucht. – Natur und Tier - Verlag, Münster, 104 S.

SCHMIDT, H. (2003): Terrarienpflanzen – Eugen Ulmer, Stuttgart, 284 S.

SCHMIDT, W. & W. HENKEL (2008): Terrarien. Bau und Einrichtung – Eugen Ulmer, Stuttgart, 160 S.

B. Zeitschriftenartikel

Lebendfutter – Themenheft aus der Reihe DRACO (2006-4), Natur und Tier - Verlag, Münster, 88 S.

REPTILIA Nr. 90, August/September 2011: Zucht von Pfeilgiftfröschen. Natur und Tier – Verlag, Münster

TERRARIA/elaphe Nr. 58, März/April 2016: Chytridiomykose und Ranavirusinfektionen. Natur und Tier - Verlag, Münster

E. anthonyi **Pucara „Pucara“** Foto: J. Verkade

Bücher für Ihr Hobby

Pfeilgiftfrösche der Gattung *Excidobates*

Lebensweise • Haltung • Nachzucht

S. Honigs, M. Meßing & B. Pelzer

112 Seiten
zahlreiche Farbfotos
Format: 16,8 x 21,8 cm
Softcover
ISBN 978-3-86659-400-5

29,80 €

Zu den schönsten Pfeilgiftfröschen gehören die schokoladenbraunen, weiß getupften Marañón-Baumsteiger (*Excidobates mysteriosus*) aus Peru.

In ihrem prächtig bebilderten Buch schildern die drei Autoren, Biologen und langjährigen Halter ihre Erfahrungen mit diesen wundervollen Baumsteigerfröschen und geben zahlreiche Tipps für die erfolgreiche Nachzucht. Auch die beiden weiteren Gattungsvertreter werden ausführlich vorgestellt: Der schwarz gefärbte, kontrastreich rot und gelb gefleckte Río-Santiago-Baumsteiger (*Excidobates captivus*) aus Peru und der noch kaum bekannte Cóndor-Baumsteiger (*Excidobates condor*) aus dem südlichen Ecuador.

jeder Band 16,80 €

Der Blaue Pfeilgiftfrosch
978-3-937285-04-7

Der Färberfrosch
978-3-86659-069-4

Der Schreckliche Pfeilgiftfrosch
978-3-86659-176-9

Der Goldbaumsteiger
978-3-86659-188-2

ART FÜR ART

64 Seiten
zahlreiche Farbfotos
Format: 14,8 x 21 cm
Softcover

Natur und Tier - Verlag GmbH
An der Kleimannbrücke 39/41 · 48157 Münster
Telefon: 0251 - 13339-0 · Fax: 0251 - 13339-33
E-Mail: verlag@ms-verlag.de

www.ms-verlag.de